高等职业教育土木建筑大类专业系列规划教材

U0179761

建筑风景写生

薛　欢　孙凤玲　主编

清华大学出版社

北　京

内 容 简 介

本书是为了满足建筑风景写生课程的教学需要而编写的。全书共七个部分,详细介绍了建筑风景写生概述、建筑风景写生的基本概念、钢笔建筑风景写生、水彩建筑风景写生、钢笔水彩淡彩建筑风景写生、钢笔彩铅淡彩建筑风景写生、钢笔与马克笔建筑风景写生等内容。

本书既可以作为高等和中等职业技术院校的教学用书,也可作为建筑设计和美术设计人员的参考书。

图书在版编目(CIP)数据

建筑风景写生 / 薛欢,孙凤玲主编 . — 北京:清华大学出版社,2020.1
高等职业教育土木建筑大类专业系列规划教材
ISBN 978-7-302-54056-4

Ⅰ. ①建… Ⅱ. ①薛… ②孙… Ⅲ. ①建筑画 – 风景画 – 写生画 – 绘画技法 – 高等职业教育 – 教材
Ⅳ. ① TU204.11

中国版本图书馆 CIP 数据核字(2019)第 237423 号

责任编辑:杜   晓
封面设计:刘艳芝
责任校对:李   梅
责任印制:宋   林

出版发行:清华大学出版社
　　　　网　　　址:http://www.tup.com.cn, http://www.wqbook.com
　　　　地　　　址:北京清华大学学研大厦 A 座　　　　　　邮　　编:100084
　　　　社 总 机:010-62770175　　　　　　　　　　　　　邮　　购:010-62786544
　　　　投稿与读者服务:010-62776969, c-service@tup.tsinghua.edu.cn
　　　　质量反馈:010-62772015, zhiliang@tup.tsinghua.edu.cn
印 装 者:三河市君旺印务有限公司
经　　销:全国新华书店
开　　本:185mm×260mm　　　　　印　张:8.25　　　　字　　数:168 千字
版　　次:2020 年 1 月第 1 版　　　　　　　　　　　　　印　　次:2020 年 1 月第 1 次印刷
定　　价:45.00 元

产品编号:086044-01

前　言

　　"建筑风景写生"是一门艺术性、实践性很强的课程，是建筑装饰及设计的一门专业基础课。为了便于教师教学和学生学习，本书在编写过程中编排了许多建筑风景写生实例，帮助学生更直观地进行学习。

　　本书根据编者近二十年从事美术教学的体会和经验，结合教学特点进行编排。书中介绍了多种形式的建筑风景画表现技法，并配以插图。

　　本书由山西建筑职业技术学院建筑与艺术系薛欢、孙凤玲主编，胡少杰、李楠参与编写。

　　本书在编写过程中，参考了许多专家、学者的著作，在此一并表示衷心的感谢。限于编者水平，书中难免有疏漏或不当之处，恳请广大读者、前辈和同行予以批评指正。

编　者

2019 年 9 月

目　录

1 建筑风景写生概述

1.1 建筑风景写生的特点

建筑风景写生的特点主要体现在时间、空间、季节、气候、地域等诸因素的特殊性上。

建筑风景写生是直接对大自然中以建筑为主体的景物进行艺术表现的绘画形式，是风景写生的重要部分。建筑风景写生形式多样，根据材料的不同可以分为油画写生、水彩画写生、水粉画写生、水墨写生、淡彩写生、马克笔写生、铅笔写生和钢笔画写生等。建筑专业学习的风景写生主要以水彩写生、淡彩写生、马克笔写生、钢笔写生为主，见图1-1。

❖ 图 1-1

建筑风景画是描绘空间的最好形式，见图 1-2。画面的尺寸虽然有限，但画面的空间可以达到无限。虽然画面中的形象是有限的，但由于形象、空间及形式共同体现的情绪和意境也可以不受时空的局限，从而达到无限。这种从平面到空间，由有限到无限的特点，形成了风景画有别于其他题材的特殊性。建筑风景写生题材较静物练习阶段题材更加纷繁，内容更加丰富，空间也更加广阔。因此，需要更深入地研究形体空间、色彩空间、光度空间、虚实空间等规律。

❖ 图　1-2

建筑风景画描绘地域建筑的特色，使得风景画有别于其他题材。有些题材本身就含有很明显的地域特色因素。不同的地域建筑具有不同的特色，蕴含着不同的历史和文化内涵，见图 1-3。

❖ 图　1-3

1.2 建筑风景写生的任务

　　建筑风景写生的任务主要是培养学生对建筑及自然景色的观察及感受能力，提高选材取景及构图的能力；认识并掌握光的色彩及表现规律；掌握表现空间的方法与技能，了解形成远近空间的各种因素；理解自然景色由于环境、季节、气候、时间等条件的不同而产生的丰富多彩的色调和色彩关系，并掌握其表现技法；锻炼色彩和笔法的运用，塑造各种不同景物的形体和质感的能力，从而感受并表现景色的意境和情调，见图1-4。

❖ 图 1-4

1.3 建筑风景写生中常见的问题

　　在进行建筑风景写生时，面对复杂的建筑，初学者可能会束手无策。比如，如何选景与确定构图。建筑中形象丰富、透视复杂、质感多样、色彩多变、空间深远等，都要求我们在实践中不断进行练习。写生时，首先应选透视简单、平远的景色作写生练习，可以去掉某些与主题无关或有碍构图的景物。因此，往往需要采取移动、增添或改变自然物的形象等艺术处理方法，从而获得完美而生动的构图，充分而集中地表现主题。对取景中的景色稍加改动，并非凭想象虚构创作，而是画面的需要。因此，写生应坚持以客观的自然景色为依据，但并非是对所见到的一切如实描绘，见图1-5。

图 1-5

2 建筑风景写生的基本概念

2.1 透视

2.1.1 透视现象

在等宽的道路中间，观察整条道路及道路两侧等高的电线杆和树木时会发现，这些景物越远越窄、越远越小、越远越密，最后消失不见。这种现象称为透视现象。透视画法就是研究这种近大远小、近高远低、近实远虚的视觉规律及如何在画面上表现的方法。

2.1.2 透视的名词概念

透视主要有以下名词，见图 2-1 和图 2-2。

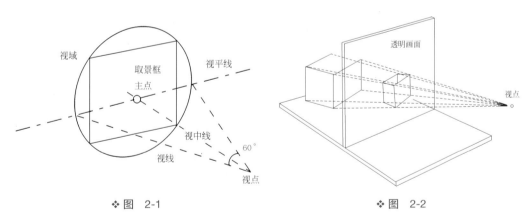

❖ 图 2-1　　　　　　　　　　　　　　　❖ 图 2-2

（1）视点：画者眼睛所在位置。

（2）画面：画者与景物间被假设的理论画面（透明画面）。

（3）主点（心点）：视点在画面的垂直落点。

（4）视距：视点注视方向与画面的距离。

（5）距点：将视距分别标在主点两侧的视平线上，所得的两点称为水平距点。

（6）视线：视点和物体之间的连接线。

（7）视域：在固定视点的前提下，60°视角内所看到的范围。

（8）视平线：向前平视时和视点等高的一条水平线。

（9）视中线：视点与主点之间的连接线。

2.1.3 视点的选择

视点的位置不同，所画的透视效果也会不同。视点位置主要由三个方位来控制，即左右位置、前后位置（视距）和上下位置（视高）。根据不同景物和表达意图，可以选择不同的视点位置，以最佳的效果进行表现，见图2-3。

❖ 图　2-3

在风景写生构图中，最重要的是选择视高，即视点的高低，不同视高的构图特点与表现目的应是相互联系的。视高大致可分为仰视、俯视、平视三种。

（1）仰视。画者的视点接近地面或低于观察对象时称仰视。写生时，坐在地面上作画属于仰视，地平线不能定在画幅二分之一以上的位置，应是接近画幅底线。也有一些仰视的画幅视点，可以在画幅底线以下，这种仰视的风景构图表现的景物能产生巍然屹立、气势非凡的效果，见图2-4。

（2）俯视。画者的视点在景物以上，即从高处俯视低处景物时称俯视。如在高的山坡上画地面景色，视平线必在画幅上部或画幅外，可表现宽阔的地面和深远的空间。俯视的透视构图可以使画面达到宽广的境界，见图2-5。

❖ 图 2-4   ❖ 图 2-5

（3）平视。画者站着或坐在较高凳子上作画即为平视。平视的视平线在画幅中间部分，这种视高的构图近似现实生活的环境，使观众有身临其境的感觉，但处理不好，容易使构图平淡，缺乏生动性，见图2-6。

❖ 图 2-6

2.1.4 常用透视画法

1. 一点透视

一点透视也称平行透视，是指在一幅画中，只有一个消失点（灭点）的透视图，见图 2-7。

我们在生活中接触的各种景物，如建筑物、车船等，尽管形状各不相同，但都可以归纳到一个或几个正方体之中。正方体有上下、前后、左右三种面，只要物体正前面与画面平行，垂直线与画面平行，即为一点透视，而直角线不论有多少条，都消失于主点上，因此叫"一点透视"。为了避免画面呆板，透视灭点不宜设在画面正中，以画面三分之一左右位置为好。

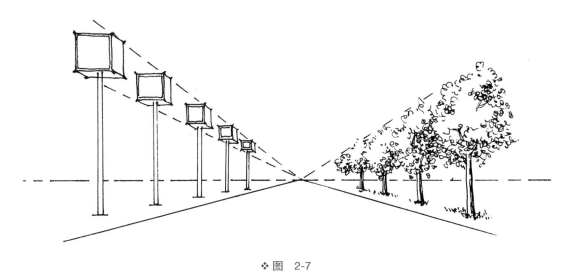

❖ 图 2-7

2. 二点透视

二点透视即成角透视，是指在一幅画的透视中有两个消失点（灭点），见图 2-8。二点透视比一点透视多一个透视面，所以透视效果较为真实、自然，是最常用的一种透视的表现方法。

3. 三点透视

三点透视也叫"倾斜透视"，它的表现力很强，除了左右两个透视消失点外，还会有向下消失的"地点"或向上消失的"天点"，见图 2-9。三点透视一般用于表现一些楼梯、房顶、坡路等有斜面的物体，它们与地面和画面都构成一定的角度，更常用于高层建筑和鸟瞰图。

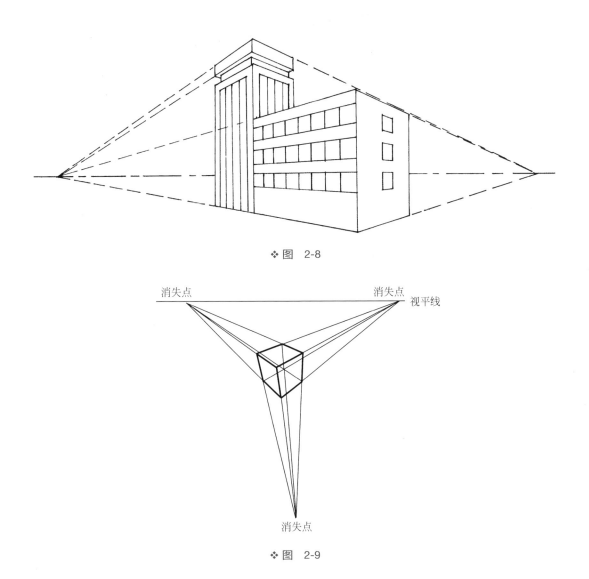

❖ 图 2-8

消失点　　　　　　　　　消失点　视平线

消失点

❖ 图 2-9

2.2 选景技巧

　　建筑写生取景时要注意空间体量的组合，对称与不对称、韵律与节奏、比例尺度等都需要认真把握。选景是写生的首要问题，要考虑画面的大色调，让画面中的几个大块面形成和谐优雅的色调。学生可以先从一些单纯的景物入手，如几棵树、一座茅屋等，见图 2-10 和图 2-11。

取景框

❖ 图 2-10

❖ 图 2-11

　　尽管所面对的景物相同，但是不同专业需要表现与训练的目的各有侧重，结合自己所学专业进行训练是很有必要的。如建筑设计专业的学生注重对建筑结构的刻画，并要求准确；环境艺术专业的学生注重对透视原理、材料质感和空间的表现，见图 2-12。

　　建筑与房屋是写生中最重要的表现主题，在写生选景时我们会被特色鲜明、风格各异的建筑所吸引，感叹其文化差异、历史沉淀及技艺。在选景时可以选择具有远景、中景、近景的完整构图，也可以选择有特色的近景。一座牌坊、一座独立建筑、一个门楼或一个窗洞都能成为精彩的表现对象。同一景物可以采取不同的选景方法，见图 2-13。

❖ 图 2-12

❖ 图 2-13

　　人文风景是建筑风景写生中文化采风的重要环节，建筑是人文风景的重要部分，与建筑相伴的雕刻艺术也是建筑艺术中闪耀的内容。不同的历史时期呈现出不同的文化和人文特征，这些都是我们学习、搜集、塑造和刻画的素材。人文建筑风景一般是进行特写式的深入刻画，见图 2-14。

❖ 图 2-14

2.3 观察方法

学习色彩写生，首先要进行观察方法的训练。在观察对象时，应尽快适应绘画的视觉规律，也就是用眼睛观察整个对象的方法。

2.3.1 整体观察

在室外写生时，如果仅盯住局部进行观察，会使画面缺少整体的协调感，感觉像色彩的照抄或拼凑。正确的方法是整体观察，掌握画面的主调。整体观察的方法要求我们在观察事物时首先从色彩的调子入手，把固有色、光源色、环境色作为一个有机的整体全面进行比较，这是最有效的方法。例如在写生的过程中有以冷暖划分的冷调子、暖调子，有以色相区分的红调子、蓝调子，有以明度区分的亮调子、暗调子等，见图 2-15。

❖ 图 2-15

2.3.2 局部观察

在整体观察的前提下进行局部的观察也是必要的过程。在写生中需要对某些局部色彩进行主观的处理，协调画面中的各种因素。局部观察是对画面细节的处理，画面不但需要整体处理得当，而且需要有细节的表现，见图 2-16。

从整体关注景物的氛围入手，将视觉焦点集中在最感兴趣的物体上，特征、形体、基本图形一直到物体的表面质地，都尽量在观察的过程中记忆下来。不管到什么地方，画家的眼睛都

❖ 图 2-16

需要带着一种审美的意识，抓住景物一切有个性的具体特点，就能够充分地表现它，见图 2-17。

❖ 图 2-17

2.4 构图

构图简单来讲就是组织好画面，即根据不同的对象、主题在画面中确定位置、确定观察角度、采用竖向画面或是横向画面、写生对象在画面中的位置和容量大小比例等，这些都应与要表现的主题思想有密切的联系。

在构图时，应先确定视平线的位置。视平线是天空与地面的交界线，同时也是画面上所有物体平行透视线的消失点。构图的安排与处理在风景写生的整个过程中极为重要，初学者可以多画草图，进行不同构图效果的尝试。

建筑风景写生有如下的构图形式。

1. 三角形构图

三角形构图有坚实稳定的效果，经常用来表现建筑物、树木、山峰等高大稳重的物体，见图 2-18。

❖ 图 2-18

2. S 形构图

S 形构图具有韵律感，常用于表现弯曲的道路、蜿蜒的小河或起伏的山脉等，见图 2-19。

❖ 图 2-19

3. 平行线构图

平行线构图常有一种平稳、宁静、深远的意境，几条长短不同的平行线逐渐归到远处的地平线，给人以开阔、平稳的感觉，见图 2-20。这种构图形式较多用于风景画中。

❖ 图 2-20

4. 垂直线构图

垂直线构图给人以高耸、上升的感觉，常用于表现向上或向下的物体，见图 2-21。

❖ 图 2-21

5. 对角线构图

对角线构图常给人一种不稳定的感觉，经常用于表现山与水的交错、大面积斜坡上的物体等，见图 2-22。

图 2-22

3 钢笔建筑风景写生

3.1 写生工具

3.1.1 笔

　　钢笔画是以普通钢笔或特制的金属笔灌注或蘸取墨水绘制成的画。拥有一支得心应手的笔是画好钢笔画的关键。常用的笔有书写钢笔、书法笔、针管笔、中性笔、记号笔、色线笔等。由于笔尖的软硬、粗细及弹性程度的不同，因此能画出不同的线条、不同的韵味、不同的风格和效果。绘画者可根据自己的习惯、爱好以及所表现的对象的特点，选择适合自己的笔，见图 3-1。

❖ 图　3-1

3.1.2 纸

　　钢笔画对画纸的要求不是很高，只要纸质坚实、纸面光滑，如铜版纸、卡纸、特种纸、相纸、牛皮纸等都可以用来作画。绘画者可以根据作画需要选用不同类型的纸张，一般绘画者喜欢用制图纸、复印纸、描图纸、有色纸，这类纸张规格多样，经济、实用、易着色，所以受到绘画者的特别青睐，见图3-2。

❖ 图 3-2

3.2 钢笔画基本技法

钢笔风景是一种单色画，采用不同的曲直、长短、纵横、大小的点和线进行疏密结合，对比而又统一，最终给人以不同深浅变化的、"色彩"斑斓的视觉效果。虽然只有黑白两色，却由于巧妙地组合，寓单纯于变化之中，在视觉上产生了丰富多变的感觉，体现了"黑白之美"或是"色调之美"。

3.2.1 点的分析

点是钢笔画中最基本的表现要素，见图3-3。由于钢笔笔头形状不同、用笔的力度与走向不同，所以可以产生不同特征的点。排列紧密的点，感觉深重、坚硬；排列疏松的点，感觉薄浅、松软；圆形点感觉柔和；尖形点感觉硬挺。点的排列由疏到密产生渐变或过渡的色彩效果。

点可以用来表现细腻光滑的质感，或者在上色调时与线条穿插使用，可以丰富画面，增加画面的审美情趣和艺术魅力。

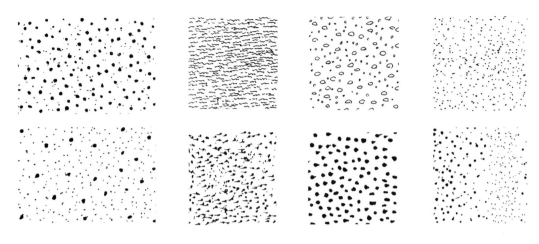

❖ 图 3-3

3.2.2 线的分析

　　点的延续形成了"线"，线是一幅钢笔画的灵魂，见图3-4和图3-5。线条本身没有意义，只有将线条赋予形后，线条才富有生命力。线条的粗细、快慢、虚实、顺逆、顿挫、连断、转折、颤动、方圆等能构成画面不同的明暗色调，形成层次丰富的画面，也可以表达不同的情感，这是钢笔画对线条质量的基本要求。

　　纵线高直，横线开阔，纵横线交织适宜表达层次穿插；直线刚挺，曲线柔美，曲直线结合刚柔并济，产生出鲜明的对比效果；密线浓重结实，疏线明快清朗，疏密组合线是钢笔画中应用最多的一种表现手段，疏密线条的应用能最大限度地增加线条的表现力和美感，见图3-6。

　　线条的应用与表现并没有固定的技法，只要达到线与形的和谐统一，便是线条最完美的体现。

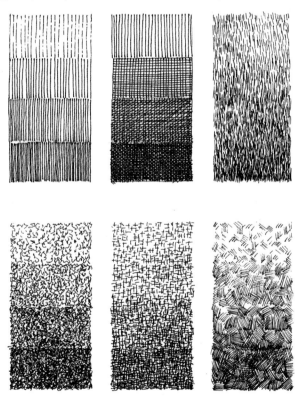

❖ 图 3-4

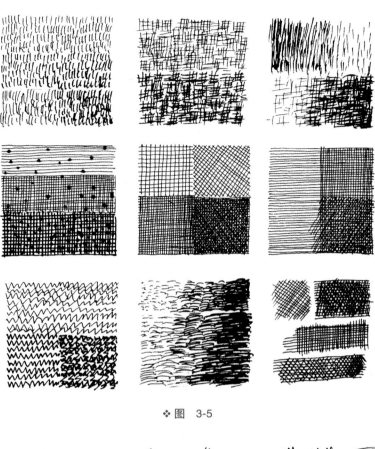

❖ 图 3-5

❖ 图 3-6

3.3 钢笔画的几种表现方法

3.3.1 素描画法

钢笔素描通过线条、明暗、透视及构图等手段塑造具有一定空间感和艺术氛围的建筑风景画。它和铅笔、木炭条素描一样力求真实，但建筑风景画适当简化了素描中某些层次的变化，通过概括手法突出主体建筑。钢笔用笔纤细，应用点与线的穿插组合成简洁的白、灰、黑三种色调，引导观者通过联想来识别这些色彩所表达的内容，见图 3-7。

素描画法写实性很强，对建筑物等规范化的物体用线一定要挺直到位；对物象的造型、结构尽量做到准确逼真。

第一步：构图起稿。

构图起稿的主要任务是确定布局，根据取景、构思的需要，把握好构图的基本形式、空间透视关系、景物的主次与疏密变化，简略地画出景物的基本形，尽量准确地表示出透视关系，见图 3-8。

第二步：从视觉中心入手进行钢笔表现。

按照近浓远淡、近实远虚的原理，划分出景物近、中、远景，从画面中心入手渲染画面的氛围与主题意境，见图 3-9。

第三步：主体刻画。

主体物是风景画中的表现重点，它的色调变化最为丰富，既可以增强画面的空间层次感，又可以烘托出画面意境。主体物的刻画要准确把握与周围景物的对比关系与协调关系，见图 3-10。

第四步：深入细节的刻画。

通过对近、中、远景的加强与减弱，突出画面的主次与疏密关系，深入细节的刻画，通过点缀物的取舍，丰富画面的层次和氛围，见图 3-11。

第五步：统一调整并完成画面。

调整画面整体关系，用线准确表现画面的明暗层次及光影关系，整体观察，整体处理，完善画面，见图 3-12。

❖ 图 3-7

❖ 图 3-8

❖ 图 3-9

❖ 图 3-10

❖ 图 3-11

❖ 图 3-12

3.3.2 速写画法

速写画法是在较短暂的时间内敏锐捕捉对象鲜明突出的特征，并以简洁快速的手法所作的建筑风景画。寥寥数笔，把描绘的对象进行高度的概括。通常以单线为主，也可为了丰富画面，点缀以少量灰色块和黑色块。

速写画法讲究线条的流畅性和笔触的节奏感，力求做到笔力刚劲娴熟，不拖泥带水。通过线条的疏密、虚实，以及运笔速度的快慢、轻重，来表现画面景物的空间层次和形体间的关系，使画面具有节奏感和韵律感。

第一步：局部到整体，见图 3-13。

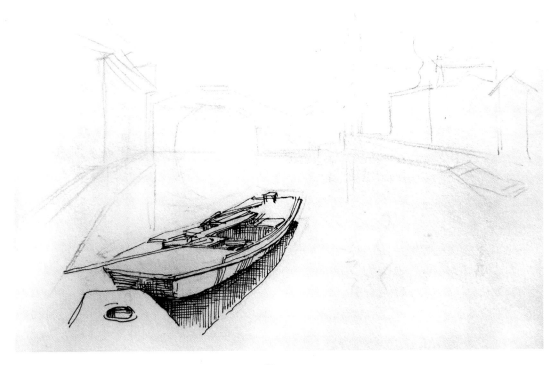

❖ 图 3-13

在把握整体关系的前提下，从视觉中心开始，从局部到整体逐步推进。在此阶段一定要把握好画面的透视及虚实关系。

第二步：主体表现，见图 3-14。

主体建筑物和近景的结构在建筑写生中一定要交代清楚。通过对主体物和近景的刻画，表现出建筑的纵深感和节奏感，注意线条的变化与质感的表现。

第三步：配景表现，见图 3-15。

表现建筑周边环境。通过概括与取舍周边配景，如植物、人物、街道等来反补画面主题。

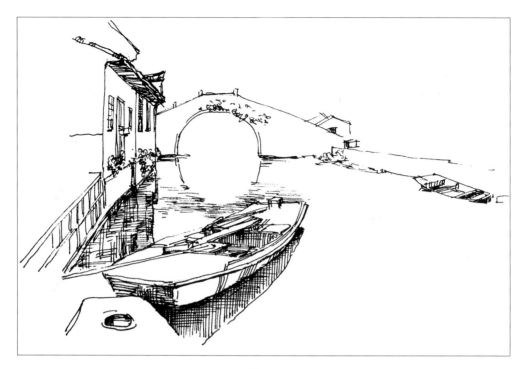

❖ 图 3-14

❖ 图 3-15

第四步：调整画面，见图3-16。

对照实景，找出视觉与画面表现的差异感。通过线条的排列与主次对比调整画面，修正主题，突出重点。

❖ 图 3-16

3.3.3 装饰画法

用装饰画法作钢笔建筑画，画面概括洗练、简洁明晰。充分运用纸面的白底、线条、排线、点群等组成白、灰、黑三色表现物象，大多用直线笔、曲线板仪器勾画，又以略带抽象夸张的形式组成颇具装饰风味的画面，见图 3-17。

❖ 图 3-17

　　作为单色装饰画，画面上的白色、直线和黑块形成强烈的对照，减少了素描画法中追求的复杂层次变化，达到极为醒目的目的。

　　装饰画法通过无法固定的画法和手法，在白、灰、黑三色巧妙的组合中产生丰富的变化，见图 3-18。

❖ 图　3-18

3.4 作品赏析

钢笔建筑风景写生实例见图 3-19~ 图 3-42。

❖ 图 3-19

❖ 图 3-20

❖ 图 3-21

❖ 图 3-22

❖ 图 3-23

❖ 图 3-24

❖ 图 3-25

❖ 图 3-26

❖ 图 3-27

❖ 图 3-28

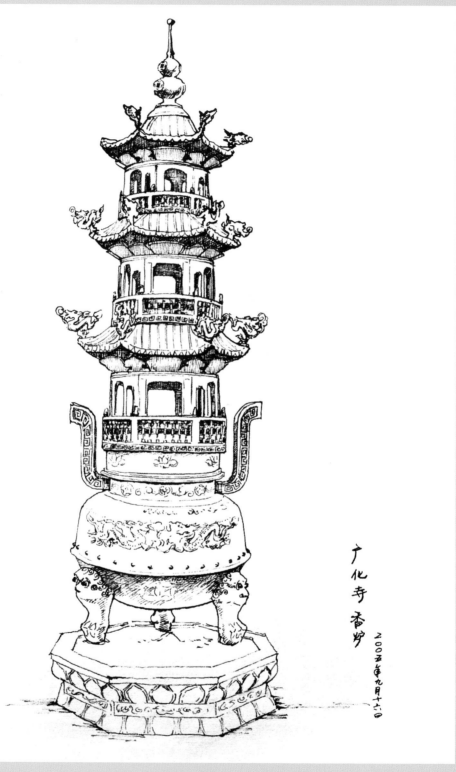

广化寺 香炉

二〇〇五年九月十六日

❖图　3-29

❖ 图　3-30

❖ 图 3-31

❖图 3-32

❖ 图 3-33

❖ 图 3-35

❖ 图　3-36

❖ 图　3-37

❖ 图 3-38

❖ 图 3-39

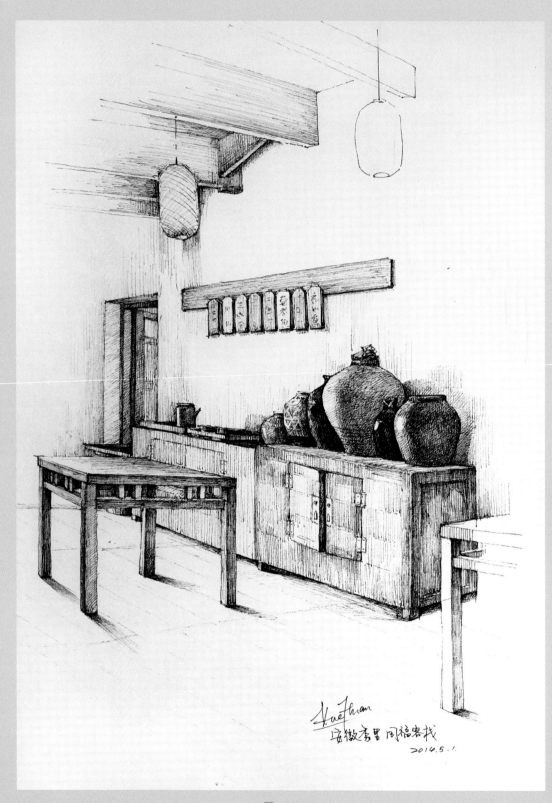

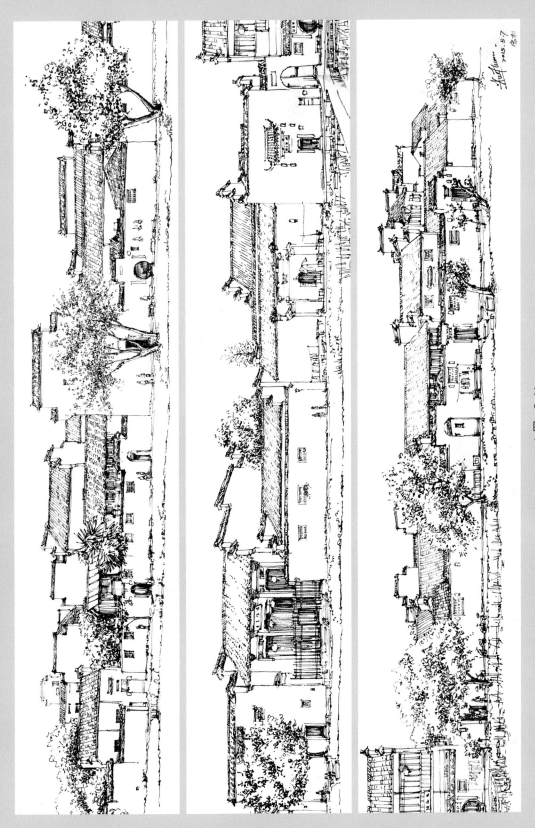

❖ 图 3-41

❖ 图 3-42

4 水彩建筑风景写生

4.1 写生工具

水彩建筑风景写生常用工具如下，见图4-1。

（1）调色盘。以十二格为宜，调色盒面积宜大，这是画水彩画必不可少的用品，须选用佳品，见图4-2。

❖ 图 4-1

❖ 图 4-2

（2）洗笔筒。洗笔筒是画水彩的必需品。可选择盛水量较大但携带方便的新型材料制作的洗笔筒。一般有两个盛水区域，一个为洗笔，另一个为蘸取清水。

（3）水彩画颜料，见图 4-3~ 图 4-5。颜料分为湿色和干色两种。湿色呈膏状，管装，内含甘油较多，当两种颜料相混合时，色彩不透明，鲜明度不足，但是调色较为便利，适合各种尺寸的画幅。水彩干色即块色，色彩更加鲜明，色相正确、明快、清澈，各色混合较为鲜丽，易于携带，但在上色时需要调和颜料的时间较长，适用于较小画幅的作品。

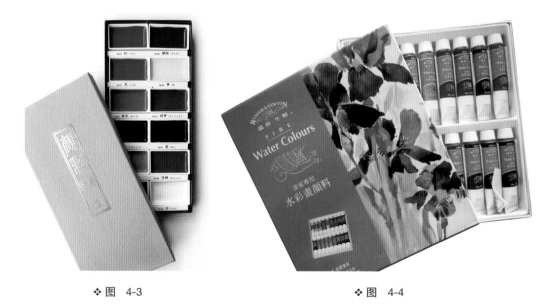

❖ 图　4-3　　　　　　　　　　　　　　　　　　❖ 图　4-4

（4）水彩画纸。水彩画用纸种类很多，在选择时必须注意纸的成分。选择水彩画纸时要注意纸面粗细适当，纸质坚实且稍微有吸水性，以不致影响颜色的明度最为适宜。有些水彩纸纸面粗糙，纹理有变化，质量坚实，着色时可以层层重复刷洗而不易变灰，见图4-6~图4-8。

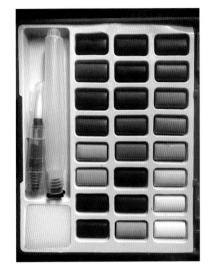

❖ 图　4-5

❖ 图　4-6

❖ 图　4-7

❖ 图　4-8

（5）水彩画笔。水彩画笔是一种特制的毛笔。各种国画用的大号依文笔，也可以作水彩画。水彩画专用笔分为平头、尖头、圆头等，材质为狼毫、羊毫所制的软硬毛质。笔头含水量较多，且易于表现线、点以及平涂等运用。狼毫笔毛质较硬，有弹性；羊毫笔毛质较软，无弹性。可以依据个人的习惯进行选择。毛笔较易损伤，用后以清水洗净，平放保存，见图4-9。

　　底纹笔、排笔具有不同宽度，笔头扁平、毛质柔软，有一定含水量，可用于大色块的铺色，容易控制，涂色均匀而含蓄。

　　（6）其他工具。水彩画还需用到其他工具，如留白液、纸胶带、透明胶等，见图4-10。

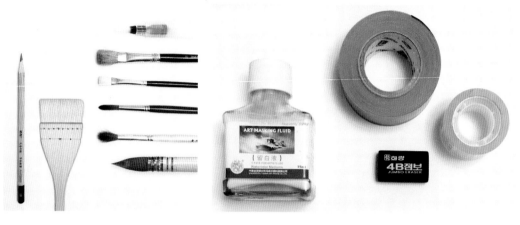

❖ 图　4-9　　　　　　　　　　　　　　　❖ 图　4-10

小知识：常用色的性质

　　白色——白色偏冷，和其他色彩混合，其色相被冲淡，色彩柔和。

　　柠檬黄——色彩透明度高，有深浅两种，不适合大面积单独使用。

　　土黄——土黄较为不透明，与其他色相混合，极易调和，是水彩画中不可缺少的颜色。此色不易起变化，不论单独使用或是和群青、普蓝等色混合，都会产生雅静的色彩。

　　橘黄——是红色与黄色结合而成的色彩，是作秋景不可缺少的色彩。

　　赭石——不透明色，作秋色最广泛。此种色彩适合与绿色、紫色相混合，不易变色，在枯木中较多存在，但是在一个画面上，不宜多用，用得过多，会有干枯、枯燥之感。

　　深红——透明度较高，易溶解，色彩较暗偏冷，色彩耐久性较弱，易褪色。

　　群青——半透明色，在水彩画上应用广泛，耐久性较好。

　　钴蓝——多用于天空色彩，透明性相对较弱，但耐久性较好，色泽艳丽。

　　普蓝——透明性强，易溶于水，在水彩画上应用广泛，单独使用应降低纯度。

　　紫色——色彩较透明，不宜单独使用。

　　翠绿——不透明，色彩艳丽。多用于调和暗部色彩。

　　玫瑰红——透明性强，易变色，不宜单独使用。

4.2 水彩画基本运笔

　　画笔的着色部分主要为笔尖和笔肚，需要不断进行从笔尖到笔肚再到笔尖的训练。

　　（1）运用笔尖时，下笔力度适中，可以灵活画出笔尖形状，见图4-11。

　　（2）稍微用力，充分运用笔肚画出面积较大的笔触上色，见图4-12。

　　（3）直立画笔，用笔尖轻轻勾画细节，见图4-13。

❖ 图　4-11

❖ 图　4-12

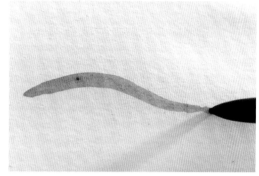

❖ 图　4-13

　　（4）横向拖动画笔，可以画出短且直的笔触，可以用于表现水纹，见图4-14和图4-15。

❖ 图　4-14

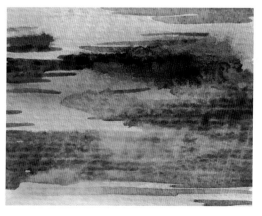

❖ 图　4-15

（5）用打湿的笔尖吸色，然后充分与纸面接触，画出渐变效果，见图 4-16 和图 4-17。

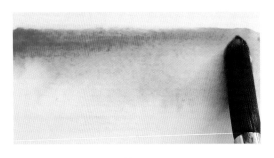

❖ 图　4-16

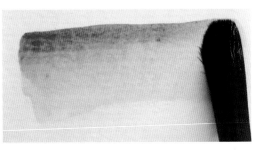

❖ 图　4-17

（6）用笔尖和笔肚分别蘸取两种颜色，不要将两色融合在一起，可以绘制出自然的渐变效果，见图 4-18，也可用枯笔技法自然留白，见图 4-19。

❖ 图　4-18

❖ 图　4-19

（7）运用圆头的尼龙笔尖，灵活翻转用笔，适于表现树叶和草丛等，见图 4-20~图 4-22。

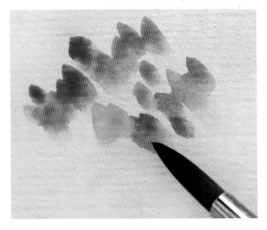

❖ 图　4-20

❖ 图　4-21

❖ 图 4-22

4.3 水彩画基本技法与技巧

4.3.1 基本技法

1. 干画法

干画法就是多层画法,是最基本、最主要的方法之一,即在干的底子上进行着色,第一遍色干透后进行第二遍着色,正确的方法是将色块相加,见图 4-23。

2. 湿画法

湿画法是水彩画最典型的技法,能够充分发挥水彩的性能,表现柔和润泽的效果,具有感染力。湿画法是在湿的状态下进行的。一种方法是将纸打湿,用色需饱满到位,用色遍数不能过多。另一种方法是将需要的部分淋漓快速地铺色,在一色未干时,溶入其他的色彩与笔触,见图 4-24。

❖ 图 4-23

❖ 图 4-24

4.3.2 基本技巧

平涂法见图 4-25~ 图 4-27，退晕法见图 4-28~ 图 4-30，叠加法见图 4-31~ 图 4-33，撞色法见图 4-34 和图 4-35，肌理法见图 4-36~ 图 4-38。

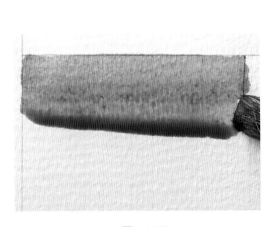

❖ 图 4-25

❖ 图 4-26

❖ 图　4-27

❖ 图　4-28

❖ 图　4-29

❖ 图　4-30

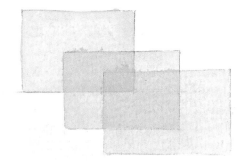

❖ 图　4-31

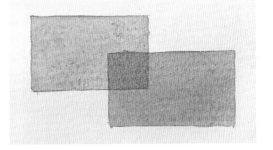

❖ 图　4-32

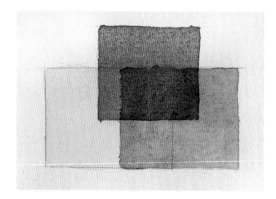

❖ 图 4-33

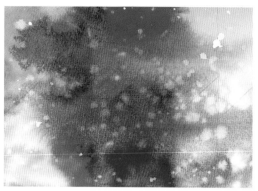

❖ 图 4-34

❖ 图 4-35

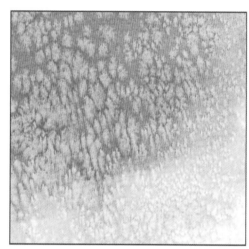

❖ 图 4-36

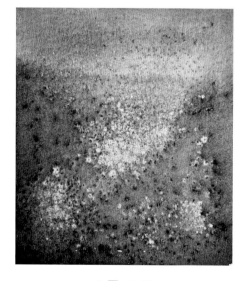

❖ 图 4-37

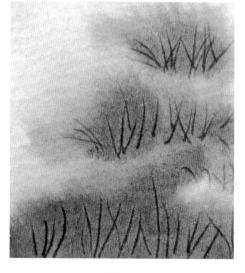

❖ 图 4-38

水彩画特殊技法可以表现不同质感的肌理效果，提高水彩的表现力，因此，需要通过反复实践训练肌理的表现方法，运用特殊技法丰富作品的视觉感染力。肌理制作形成的特殊效果一般是采用画笔之外的特殊手段来完成的。最为常用的湿着色方法有喷洒法、泼洒法、冲流法；干着色方法有沾按法、刮色法；其次还有印色法、裱贴法、去色法等。

4.4 水彩建筑风景写生步骤

示范1

第一步：起稿，见图4-39。

将最能引起强烈表现欲望的场景与景色确定为主题，根据主题选择最佳角度，用铅笔或单色勾画出不同层次的基本位置，确定主要表现对象的外轮廓和结构特征，注意处理画面的主次关系及景物的形体、结构、比例、位置，确定准确的定位。

第二步：铺大体色，见图4-40。

为了掌握好整体的色彩关系，以最大的色块为起点，快速用大笔淡色确定画面的色调关系。

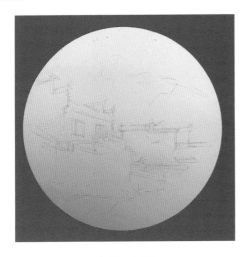

❖ 图 4-39

❖ 图 4-40

第三步：深入刻画，见图4-41。

用各种大小、形状的笔逐步刻画景物的细部和质感，在画面逐步深入的过程中，用干湿结合画法把风景中的主体部分画得充分、肯定，并用各种技巧进行刻画和修正，使其成为画面中最精彩的部分。

第四步：整体调整，见图4-42。

这个阶段以观察比较为主，需要将画面中琐碎、凌乱的部分进行处理，去掉多余、累赘的部分，使整体协调统一，并努力保持最初的色彩感觉，见图4-43。

❖ 图 4-41

❖ 图 4-42

❖ 图 4-43

示范 2

第一步：起稿，见图 4-44。

第二步：铺大体色，见图 4-45。

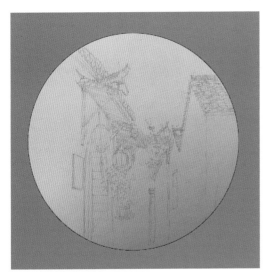

❖ 图 4-44

❖ 图 4-45

第三步：深入刻画，见图 4-46。

第四步：整体调整，见图 4-47 和图 4-48。

❖ 图 4-46

❖ 图 4-47

❖ 图 4-48

4.5 作品赏析

水彩建筑风景写生实例见图 4-49~ 图 4-61。

❖ 图 4-49

❖ 图 4-50

❖ 图　4-51

❖ 图　4-52

❖ 图 4-53

❖ 图 4-54

❖ 图 4-55

❖ 图 4-56

❖ 图 4-57

❖ 图　4-58

❖ 图　4-59

❖ 图 4-60

图 4-61

钢笔水彩淡彩建筑风景写生

　　钢笔水彩淡彩写生是以钢笔线条为主要手段，以色彩辅助烘托气氛。它的线条纤细、色彩清丽，使画面独具韵味。它是线条与色彩的完美结合，用线塑造形，用色赋予形以情态。其表现手法多变，有时用线工整，设色严谨；有时信手画线，画面简洁明快，令人赏心悦目。钢笔淡彩就是在速写线稿的基础上施以淡彩，上色应简洁明快、丰富而含蓄，笔到意到，切忌"浓妆艳抹"，见图5-1。

安徽西递花园酒店门口小景

5.1 写生工具

钢笔水彩淡彩主要有以下工具。

（1）钢笔。笔尖坚挺精致，线条润泽流畅。

（2）美工笔。笔尖弯曲，线条有粗细变化，具有美感及动势。

（3）针管笔。绘图专用笔，一类为吸墨性针管笔，一类为一次性针管笔，有不同粗细的分类。吸墨性针管笔需垂直画面使用，否则效果不够流畅；一次性针管笔出水流利，线条灵活，富有弹性，因此速写时较常使用。

（4）墨水。应选用防水的碳素墨水，墨色纯正，作品易保存。

（5）颜料。一般使用水彩颜料或透明水色，水彩颜料更为普遍。水彩颜料透明性较强、遮盖力弱，较易上色，适合快速表现。

（6）画笔。可用不同型号的水彩笔，可以是圆头、尖头或扁头等，需根据画面内容灵活运用。

（7）调色盒。要有单独放颜料的格子和较大面积的调和颜料空间。

（8）纸。水彩纸。

（9）辅助工具。水桶、胶带、铅笔、小刀、橡皮、海绵、吸水纸等。

5.2 钢笔水彩淡彩写生步骤

钢笔淡彩与水彩结合表现有两种方法，一种是先上色后勾线；另一种是先勾线后上色。

（1）先上色后勾线的方法是在上色前，先用铅笔画出准确细致的物象轮廓，轮廓可深可浅，避免上色后看不清轮廓而无法勾线。上色时按照水彩画的着色步骤填色，尽量填满轮廓范围。色彩干后勾出线条，线条起着修正物象色彩和层次的作用，使凌乱纷杂、平淡的画面跃然生辉，见图 5-2。

（2）先勾线后上色的方法是先用精准的铅笔线勾出黑色或深色的线，然后用水彩画法平涂或渲染物象的色彩。上色时应严谨工整，以免色彩斑驳残缺。上深色时注意避免覆盖线条。在选用墨水时宜用碳素墨水，以免水彩的水渗化线条。

在用这两种方法绘建筑画时，注意上色与勾线的顺序，可以根据画面的内容灵活使用，也可以两种方法交替使用。

❖ 图　5-2

钢笔淡彩速写不应与建筑设计效果图表现相同，速写是再现真实世界，尊重客观色彩感受；而效果图是模拟一个新的世界，虽然在用笔上可以有随意性，但是色彩仍然偏重于主观的理念。

在开始正稿之前应该先画色彩小稿。画小稿是为正稿打基础，通过小稿来分析画面的构图、取景、透视及趣味中心，分析建筑的体积结构、用笔排线、用色渲染等一系列作画顺序。

示范1

第一步：钢笔线部分，见图5-3。

用钢笔或中性笔具体画出建筑物的结构与画面的黑白关系。表现明暗阴影与结构的排线要主次分明，疏密有致。对配景和建筑

❖ 图　5-3

物进行表现，完善对建筑局部细节的刻画，包括物象的质地、门窗等的结构线条的排列等。

第二步：着色、刻画细节，见图5-4。

用水彩画的湿画法从画面的大面积背景处开始入手，用大笔渗化表现天色，体现天空的远近关系。紧接着表现主体景物，在湿的底子上着色，颜色要浓重些，尽量一次给够，避免多次反复。亮面留白，给远景的建筑及配景以淡淡的色彩关系，从而确立画面的主题色彩。

细节表现暗部色彩时要注意色彩的冷暖变化，配景色彩不可喧宾夺主。要努力调整配景的色彩关系，使主体景物突出，画面色彩协调。

第三步：调整完成画面，见图5-5。

对画面进行调整，完善画面，处理好近景、中景、远景的关系；处理好色彩的冷暖及对比关系等。

❖ 图 5-4

❖ 图 5-5

示范 2

第一步：安排构图，见图5-6。

第二步：钢笔表现，见图5-7，逐步完成建筑风景写生的钢笔表现部分。

❖ 图 5-6

❖ 图 5-7

第三步：水彩着色，见图 5-8。

❖ 图　5-8

第四步：细节表现，见图 5-9。整体观察，局部刻画，完成细节表现。

❖ 图　5-9

第五步：调整完成，见图 5-10。处理背景并调整完成画面的最后步骤。

❖ 图 5-10

5.3 作品赏析

钢笔水彩淡彩建筑风景写生实例见图 5-11~图 5-22。

❖ 图 5-11

❖ 图 5-12

❖ 图 5-13

❖ 图 5-14

❖ 图 5-15

❖ 图 5-16

7.16.

河南石板岩

❖ 图 5-17

❖ 图 5-18

❖ 图 5-19

❖ 图 5-20

❖ 图 5-21

图 5-22

❖

6 钢笔彩铅淡彩建筑风景写生

6.1 写生工具

钢笔彩铅淡彩画中，除了用到钢笔、针管笔和中性笔之外，还会用到彩色铅笔。彩色铅笔分为蜡质和水溶性两种，水溶性彩色铅笔使用较多。彩色铅笔可以与水或马克笔调和，能表现丰富的色彩关系和色彩之间的过渡，见图 6-1 和图 6-2。

❖ 图 6-1   ❖ 图 6-2

6.2 钢笔彩铅淡彩风景写生步骤

第一步：整体观察，确定构图。

如图 6-3 所示，对景色进行整体观察，确定对表现对象的初步构想。从局部入手，从上到下，从左到右，用线勾画出主体建筑物的轮廓及透视关系，并确定无形的视平线及消失点。画的过程中应随时预测下一步要画的位置，将构图表现清楚，线条之间不可重复。

❖ 图 6-3

第二步：用钢笔线条进行细致刻画。

如图 6-4 所示，确立对建筑整体的表现，认真刻画建筑的结构及穿插关系，调整景物的远近虚实和疏密关系。从整体到局部，从局部到整体反复观察比较并进行刻画，尽量完善画面效果。

❖ 图 6-4

第三步：彩色铅笔着色。

如图 6-5 所示，用彩色铅笔从亮部开始上色，由浅入深，由暖到冷逐步进行，这样有利于把握画面的色彩关系。同时确立画面的色调及建筑场景之间的关系，行笔方法同素描。一般情况下，亮面色彩偏暖，暗面色彩偏冷，但这种冷暖关系是相对而言的，重要的是画阴影部分的色彩时要画得"透气"。

❖ 图 6-5

第四步：细致刻画。

如图 6-6 所示，用彩色铅笔上色，细致刻画视觉中心部分及一些细节。对配景的色彩进行处理，配景及远景部分色彩对比较主体部分明显减弱，色彩纯度也相应降低。这一步需要对画面进行充分刻画并接近完善。

❖ 图　6-6

第五步：调整完善画面。

如图 6-7 和图 6-8 所示，整体调整画面的关系，使画面得到完善。

❖ 图 6-7

❖ 图 6-8

6.3 　作品赏析

钢笔彩铅淡彩建筑风景画写生实例见图 6-9~ 图 6-17。

❖ 图　6-9

图 6-10

❖ 图 6-11

❖图 6-12

❖ 图 6-14

❖ 图 6-15

五台山龙泉寺石雕牌楼
薛欢2007.8.28.

❖ 图 6-17

7 钢笔与马克笔建筑风景写生

7.1 写生工具

（1）马克笔是 20 世纪六七十年代引入我国的一种绘画工具，见图 7-1。Marker 的英文含义为"记号""标记"，开始时用于港口装卸包装和采伐木材上进行标写记号。目前市场中出售的马克笔有水性和油性两种。油性马克笔色彩丰富、淡雅细致、柔和含蓄；水性马克笔色彩艳丽、笔触浓郁、透明性极强，与水彩颜色相似。大部分马克笔为进口产品，颜色也日益丰富，其笔头呈方形或圆锥形，方形适于大面积上色，圆锥形适于细部着色，为专业人员提供了很多方便。

❖图　7-1

（2）纸。马克笔专用纸、绘图纸、复印纸，见图 7-2。

（3）勾线笔。马克笔技法写生，须以结构严谨、透视准确、空间关系明确、线条明朗的线图作为上色底稿。绘制线描稿的用笔，常选用不同型号的针管笔、钢笔、签字笔、彩色笔等。

❖ 图　7-2

7.2　马克笔上色技法

马克笔上色有如下技法，见图 7-3。

1. 平涂法

平涂法是将颜色平整而均匀地处理色层的着色技法。着色时，应避免笔触与笔触间的重叠。

2. 叠加法

叠加法是一种纸上的混色方法。利用马克笔的透明性，把颜色相叠加而显出第三种色相，可以产生丰富的色彩变化。叠加又分为单色叠加和多色叠加。

（1）单色叠加。用同一色马克笔重复进行涂绘，叠加次数越多，其颜色越深。可以产生同一色相的明度变化效果，但如果重复过多，可能将纸面破坏。

（2）多色叠加。运用几种颜色的马克笔相互重叠，产生一种新色相的色彩效果。可使画面色彩富于变化，层次更加丰富。但叠加也不宜过多，否则会导致画面色彩灰暗、浑浊。

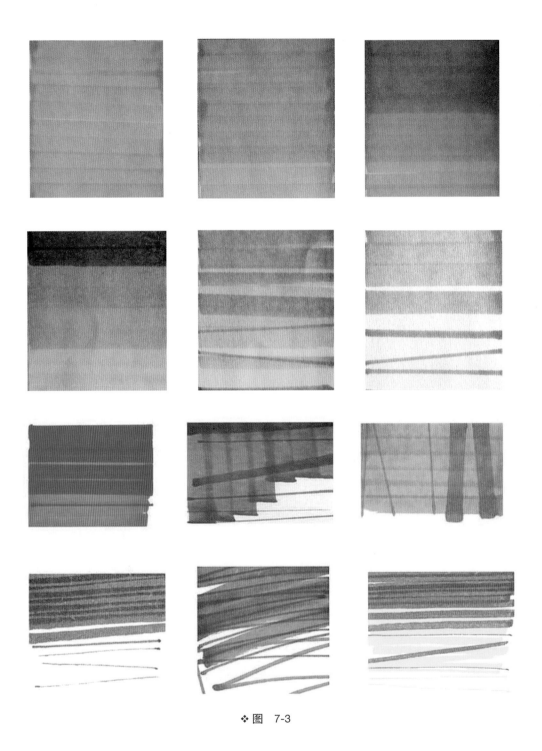

❖ 图 7-3

3. 渐变法

渐变法是将一种颜色按照一定的规律逐渐转变的排色过程，可以是同一色的明度过渡，也可以是不同色相的推移。

4. 留白法

"留白"（留白指一般画纸为白色）是中国画的一种表现技法。留白法是指在作品上留下画纸原色，不施以色彩。画中留白是留给欣赏者一个思维想象的空间。马克笔常以"留白"表现其明亮、高光部位，具象重叠"形"的分界处也常常"留白"；画中的人物"留白"也是一种尝试；为了突出画面中心主要部位，在画面边角处的具象也常画出轮廓而"留白"。

7.3 钢笔与马克笔风景写生步骤

示范 1

第一步：钢笔线描底稿，见图 7-4。

❖ 图 7-4

　　线稿是马克笔上色的前提和基础。以自己最感兴趣的场面与景色确定表现内容，并选择最佳的作画角度。线条运笔流畅、排线整齐而有变化，能在一定程度表现不同物体的表面质感。

　　第二步：区分画面体块关系，见图 7-5。

❖ 图　7-5

　　区分画面体块关系时，要把握好整体性。用马克笔粗略快速地描绘出画面中主体部分的明暗关系、色彩关系和光影关系，确定画面大体的明暗及色彩结构关系。

　　第三步：层层深入，见图 7-6。

　　逐渐丰富画面内容，使画面关系更加清晰，色彩更加丰富，画面层次感增强。明暗对比逐渐拉开，色彩变化有所增强。该阶段以固有色的表现为主，逐渐拉开明暗对比，增强色彩变化。

　　第四步：细节刻画，见图 7-7。

　　在画面逐渐深入的过程中，加强刻画景物的细部，尤其是材料质感的修整；加强光影关系的刻画，尤其是暗部层次的增加，增强画面的真实感和各部分之间的联系，并通过线条与笔触的变化丰富画面色彩，也可以适当添加配景来活跃场景气氛。

❖ 图 7-6

❖ 图 7-7

第五步：把握整体，见图7-8。

❖ 图 7-8

　　整体感是衡量艺术作品品质的主要依据，也是画面处理的终极追求，因此，画面的整体把握和调整是极其重要的一个环节。这个环节应以观察比较为主，需要对画面做完整、全面的审视，调整、弥补画面中的不足之处。调整时要注意画面的空间关系和主次关系，去掉多余、累赘的内容，使其能协调统一到一个整体中，应尽量做到画面清晰、有序、协调，视觉中心明显，主题突出。

示范 2

　　第一步：线稿的描绘，见图7-9。

　　线稿是马克笔上色的前提与基础，可以用钢笔、彩色笔、铅笔与彩色铅笔等工具，也可以直接用马克笔细头的一端直接勾线。线描稿要选择合理的视点，表现准确的透视关系以及空间尺度，合理安排配景的比例和位置。线条表现应肯定有力，体现不同景物的表面质感，排线顺应物体结构和明暗变化。

　　第二步：用马克笔区分体块关系，见图7-10。

　　这一步需要用马克笔描绘出画面中主要的明暗关系、色彩关系和光影关系，建立画面大体的明暗及色彩结构。注意画面的整体关系。

❖ 图 7-9

❖ 图 7-10

第三步：逐步深入刻画，见图 7-11。

❖图　7-11

深入刻画画面的多种关系，使画面内容丰富，明暗对比逐渐刻画到位，色彩变化增强，画面关系更加清晰，层次感更强。在表现过程中仍以固有色的表现为主，使色调保持统一。防止画面单调、乏味、缺少变化。

第四步：结合彩色铅笔表现调整画面整体关系，见图 7-12。

利用彩色铅笔添加场景中的细节表现，主要是区分不同的质感，对材料进一步表现，对配景进行描绘。通过添加画面配景及色彩活跃场景气氛。

整体效果是衡量作品品质的主要依据。画面应该是一个整体的体块，画面中有很多个体，每个个体都是不可分割的关系。在这一步骤中需要对整体做完整、全面的审视，调整、弥补画面中的不足，通过削弱、强调、添加等方法，对局部做出修改。可以选用彩色铅笔作为辅助工具，对马克笔表现的部分做补充与修饰，加强整体画面的层次感。

图 7-12

❖

7.4   作品赏析

钢笔与马克笔建筑风景写生实例见图 7-13~ 图 7-21。

❖ 图   7-13

❖ 图 7-14

二零一九年西递.

❖ 图　7-15

❖ 图 7-16

❖ 图 7-17

❖ 图 7-18

❖ 图 7-19

图 7-20

❖ 图 7-21

参 考 文 献

［1］飞鸟工作室 . 水彩风景从入门到精通 [M]. 北京：中国水利水电出版社 , 2016.

［2］薛欢 . 建筑风景写生实践 [M]. 北京：科学出版社 , 2012.

［3］夏克梁 . 表现与探析 [M]. 2 版 . 南京：东南大学出版社 , 2010.